科学在你身边
KEXUEZAINISHENBIAN

光

北方妇女儿童出版社

前　言

　　光在我们的世界中扮演着无比重要的角色,有了光,我们才能看见绿色的森林、金黄的麦田,如果没有光,整个世界就会一片漆黑,我们也什么都看不见。尽管光对我们如此重要,人类对光的认识却经历了非常漫长的历史。在两千多年前的古希腊时代,人们认为视力是从眼睛中伸出的看不见的触手触摸物体产生的;在五百多年前,大多数人还认为月亮是个发光的星星;在一百多年前,科学家发现光是一束能量;今天,我们知道光是我们感觉外部世界的最重要的方式,我们所得到的信息,大部分是光传递给我们的。

　　人类在研究光的历史中积累了许多知识和有趣的故事,这些知识构建起了一座宏伟壮丽的科学殿堂。在本书里,我们将带领读者游览这座殿堂,从中发现自己想要寻找的东西。

目 录
MULU

M U L U

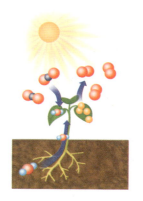

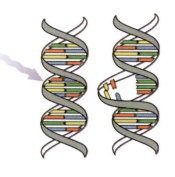

 # 光的世界

人眼之所以能够看清周围五彩缤纷的世界，辨认出美丽的颜色，是因为有光的存在，白天有阳光普照大地，夜晚有灯光驱散黑暗。没有光，我们的世界将会一片黑暗。

白天和夜晚

地球在绕太阳公转的同时，也在自转，阳光不能穿过地球，因此它只能照到一部分地球表面，阳光照到的一面是白天，另一面便是黑夜，并由此产生昼夜更替。

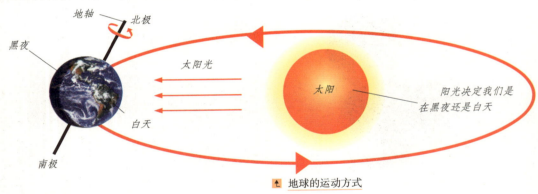

地球的运动方式

光是一种能量形式

把你的手放在阳光下，就可以感觉到温暖，这是为什么呢？科学家告诉我们，光是一种能量形式，它会转化成其他形式的能量，使我们的体温升高。

小 故 事

在人类历史上，太阳一直是人们膜拜的对象。在古希腊神话中，太阳神"阿波罗"右手握着七弦琴，左手拿着猎弓和金箭，象征着他发出金色的阳光，让光明普照大地，把温暖送到人间。

科学家眼中的光

在科学家看来，光是一种在空间中传播的能量，它不仅包括我们肉眼可见的光，而且还包括那些我们看不见的能量辐射，比如 X 射线和紫外线。

↑ 宇宙中许多天体会释放我们看不见的 X 射线光

光的产生

点燃火柴，光在磷的燃烧中出现；打开开关，光在电流通过灯丝时出现。那光到底是怎么来的？原来，光是由组成物质的微粒发生变化而产生的，燃烧让磷分子发生变化，发出光线；通电让灯丝原子剧烈震动，发出光线。我们把能发光的物体都称为光源。

重要的光

光对我们有多重要呢？想一下，如果我们的周围没有光，那地球上的一切生命将失去自己的能量来源，最终会从地球上消失，而地球也将变成死亡的星球。

自然光源

清晨，当太阳初升，我们的生活便有了光明，万物充满无限生机。应该说，太阳是我们最理想的自然光源。正是有了太阳，我们人类才能在这个美丽的星球上生生不息。

自然界的光源

自然界存在各种各样的光源，像太阳、星星、萤火虫、水母等，这些都属于自然光源；而电灯、燃烧着的蜡烛等，属于人造光源。月亮是靠反射太阳光发光的，所以不是光源。

⬆ 会发光的水母

⬆ 萤火虫发出的光十分微弱，只有在晚上才能看清楚，白天萤火虫也不发光。

月亮

月亮本身并不发光，它只是反射太阳光，所以看起来比太阳暗得多。然而从古至今，月亮对人类社会产生了极其重大的影响，关于月亮的传说也是数不胜数，在中国古代神话中，就有"嫦娥奔月"的故事。

太阳

对于人类来说,光辉的太阳无疑是宇宙中最重要的天体,它以自然光为主要形式,带来光明和温暖,左右地球冷暖变化,提供无穷无尽的能源。

星星

在晴朗的夜晚,幽深的夜空中,一颗颗璀璨的星星向我们俏皮地眨着眼睛。肉眼可见的星星有三千多颗,而决定人们观察星星是明是暗的,在于星星的大小和到地球的距离。

▲ 森林大火也是自然光源,人类就是从这里学会使用火的。

自然大火

自然大火靠火焰燃烧时释放出来光而成为光源的一种,它的发生主要有两种可能:由于森林中年深日久积累的枯枝败叶腐烂后分解出可燃性气体,或者由于雷电等自然现象而起火。

▲ 天空中的星星有明有暗,颜色也略有差别。

人造光源

光对我们非常重要，但是在古代，白天有太阳照明，当夜幕降临时，周围就变得一片漆黑。为此，人类依靠自己的智慧，制造出能够发光的工具，来驱散黑暗，这些就是人造光源。

蜡烛

人类起初用火把来照明，后来用动物的油脂照明，但是这些照明材料都具有很大的局限性，木材和动物油脂都不容易携带，于是人类发明了蜡烛。蜡烛平常是固体的，可以做得很小，方便携带，因此使用了很长时间。

 根据记载，人类使用蜡烛有两千多年的历史，即使到今天，在一些特殊场合，人们还在使用蜡烛照明，比如在生日宴会上，人们常用蜡烛来代表年龄。

爱迪生发明的灯泡

爱迪生

爱迪生被誉为"世界发明大王"，在经历了多次失败后，爱迪生于1879年成功点燃了第一盏实用的电灯，使人类进入电照明时代。电灯是爱迪生一生中影响最大的发明，也是他人生中的最高成就。

电灯

电灯是我们最常见的人造光源之一,它的名称应为白炽灯。白炽灯是利用电流能产生热的效应制成的,当电流通过灯丝,将其加热到白炽状态时,就发出明亮的光线,可供照明使用。

➡ 电灯泡的示意图

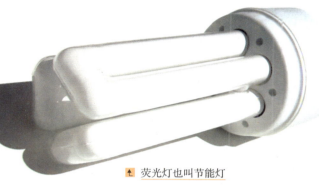

⬆ 荧光灯也叫节能灯

荧光灯

荧光灯的灯管内充满了汞蒸气,当通上电流的时候,紫外线就会从汞蒸气中跑出来,撞在灯管内壁的荧光粉上,这些荧光粉就向外发出柔和的白光。

美丽的霓虹灯

走在大街上,我们会发现一些建筑上的灯可以发出彩色的光,这些就是霓虹灯。霓虹灯内充满了特殊的气体,当通上电流的时候,这些气体就被电流激发,发出颜色不同的光,这就是霓虹灯能发出彩色光的秘密。

激光

太阳光十分强烈,刺得我们睁不开眼睛,但是一种人造的光却比太阳还要明亮,它就是激光。激光在自然界是不存在的,只有通过特殊的仪器才能制造出来。在今天,激光不仅仅是实验室里使用,在许多地方,你都可以看到人造的激光。

激光的提出

激光是一种人造光,全称是"受激辐射光放大"。早在 1917 年,爱因斯坦就已经从理论上提出了原子可以通过受激辐射的方式发光,但遗憾的是,一直没能在实验上证明它的存在。

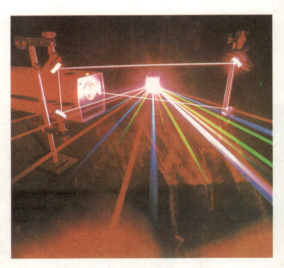
激光器中用不同的物质,就可以产生不同颜色的激光,比如用红宝石,就可以产生红色激光。

小 知 识

在我们日常生活中也有一种常见的激光器,它可以发出红色激光,这种激光器是用半导体制造的,它产生的激光来自于一种叫作二极管的电子元件。这种激光器的强度很小,一般用来指示近距离的物体。

我们需要很复杂的仪器才能获得激光,在日常生活中使用的那些激光仪发出的并不是激光,而是普通的光。

激光的优点

激光是一种自然界不存在的光形态,有自然光不具备的优点,比如威力大、颜色纯和、平行性好;它最大的优点就是特性受人类控制,也就是说我们需要什么样的激光,就生产什么样的激光。

激光测距

由于激光能量集中、方向性又好，人们便利用这些特性对被测物体发射激光光束，并接收该激光光束的反射波，记录该时间差，以此来确定被测物体与测试点的距离。这种技术一般只用来测量比较远的物体。

梅曼的发明

在 1960 年 7 月，美国科学家梅曼最先用红宝石棒制成了世界上第一台激光器，并获得第一束红色激光，把理论推测变为现实，由此开启了激光科学的新纪元。

激光切割

即使像钢铁这般坚硬的东西，激光也能在短时间内将其切开，而且具有切缝窄、切口光洁度好、变形小、热影响区小、效率高等特点，因此常常用以切割各种金属和非金属材料。

科学在你身边

光与热量

炎热的夏天,你若到河里游泳,就能感觉到河水并非冰冷刺骨;我们洗好的衣服挂在阳光下很快就会晒干,这些都是阳光照射造成的。阳光可以把河水"加热",也可以将湿衣服中的水分蒸发掉。

太阳光能

太阳是地球最大的光源和热源,来自于太阳的光能简称为太阳能。人们用太阳热水器、太阳电池等产品获得太阳能,但是只利用了太阳能极少的一部分,还有大部分的光和热没有被利用,现在我们正在努力用更好的办法去得到太阳更多的光和热。

↑ 太阳能汽车

↑ 太阳能热水器

小 实 验

准备一个洗脸盆,盛放半盆清洁的水,用温度计测量一下这盆水的温度,之后再把水盆放在阳光下暴晒几个小时。然后再测一下水的温度,你会发现什么呢?是的,清水因为吸收了阳光的能量,温度变高了。

黑色物体升温快

物体对光具有吸收和反射的特性，有色不透明物体反射与它颜色相同的光，黑色物体则吸收各种颜色、带着不同热效应的光，不反射任何光线，因此比其他颜色的物体升温快。

◄ 在炎热的夏天，大家都会选择穿浅颜色的衣服，最常见的是白色的衣服。因为浅颜色的衣服比深颜色的吸热少，所以人就会感到凉快。

重要的热量

就像汽车需要汽油提供动力一样，我们每天也要从食物中摄取能量来维持每天的各种活动，这种需求的数量是既定的，如果过低，将对身体产生不良影响，甚至危及生命。

► 从这些看起来非常诱人的食物中，我们可以摄取用以维持生命活动的热量。

地球热量来源

地球的热量主要来源于地表吸收的太阳能，而当太阳辐射通过大气层到达地球表面后，其中绝大部分被吸收和储存热量能力大的海洋吸收了，因此可以说海洋才是地球上的最大热源。

⬇ 海水可以吸收和储存大量热量，并可以释放出来，维持环境温度。

颜　色

我们看到的是一个绚丽多彩的世界，比如姹紫嫣红的花朵、色彩多样的服装等，这些都是人的眼和脑在对光产生反应，其结果便产生了"颜色"。据估计，人眼一共能区分几万种颜色呢！

颜色的来源

人们根据不同色光含有的能量将其分为七色光，能量高的色光偏紫，能量低的偏红。这些不同颜色的光照射在物体上时，物体对其反射、折射以及透射，便产生了颜色。

⬆ 在日光照射下，苹果呈现鲜艳的红色。　　　　　　⬆ 在蓝光照射下，苹果呈现出暗淡的黑色。

混合色

大多数光源并非单色光，而是由不同强度和波长的光混合而成，所表现出来的色彩称为混合色。由于眼睛生理结构原理的局限性，我们很难区分一种光是单色光还是混合光。

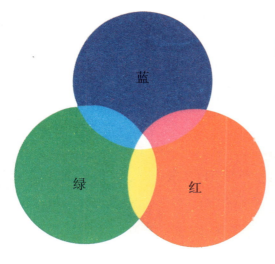

光的三原色

千千万万种色彩里，有三种色彩任意一种都不能由别的色彩混合而成，而其他色彩则可由这三色按照一定比例混合出来，色彩学上将这三种独立的色彩称为三原色，即红、绿、蓝。

准备好半盆水，把它端到阳光下，这时候，我们需要一面镜子，迎着阳光射来的方向，用手托着镜子放入水中，也可以稍稍露出水面。光线被镜子和水面折射到阴暗的墙壁上，你会发现墙壁上有一条美丽的彩虹。

光的颜色

当一束光通过三棱镜时，就会被分解为红、橙、黄、绿、蓝、靛、紫七种单色光，若是使它们再透过一个三棱镜，又会重新汇聚成我们常见的白光了。

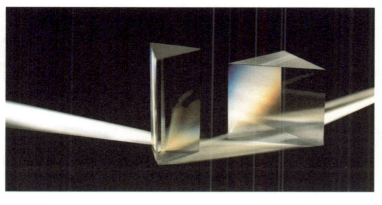

◀ 牛顿做了一个实验，他先让一束白光通过一个三棱镜，然后他用另一个透镜接收分解后的色光，在第二块透镜后，七色光又恢复为白光了。

频率和光的颜色

光的颜色同时也跟频率有关，当频率变高时，光的颜色偏紫；频率变低时，颜色则偏红。七色光中由红色光到紫色光频率逐渐递增，相反，折射率则是递减。

无线电波　微波　红外线　红　橙　黄　绿　青　靛　蓝　紫　紫外线　　X 射线　γ射线

不可见光　　　　　　　　　　　　　　　可见光　　　　　　　　　　　　不可见光

颜　料

人类很早就开始使用一些色彩艳丽的东西来作岩画、染布料等，这些东西叫作颜料。那如何给它一个定义呢？其实，颜料就是一种能使物体染上颜色的物质。我们生活中也经常接触颜料，比如某面墙上的用广告颜料写的宣传标语，绘画用的水彩、水粉以及油画颜料，等等。

颜料的三原色

与光的三原色不同，颜料的三原色是红、黄、蓝，通过搭配，这三种颜色可以调制出其他颜色，如果改变颜料中某种原色的含量，调制的颜料颜色也会发生改变，如果把三种一起混合，就会调制出黑色。

从下图中我们可以看到，这一篮鲜花有着五彩缤纷的色彩，如果我们要将它们印刷出来，就需要四种原色才可以。

印刷用色

印刷用色即青、品红、黄、黑四原色，除了颜料三原色外，还加入了纯黑色油墨，这是因为三原色叠加形成的黑色往往纯度过低，更像是深灰色。

油画

由于东西方文化的差异,造成了美术表现手法的迥异,西方的是油画,中国的是水墨画。油画很注重细节的表现,通过透视技法和色彩技法来表现绘画对象,透视加上颜料表现出来的明暗、深浅变化,使得画面具有极强的纵深感。

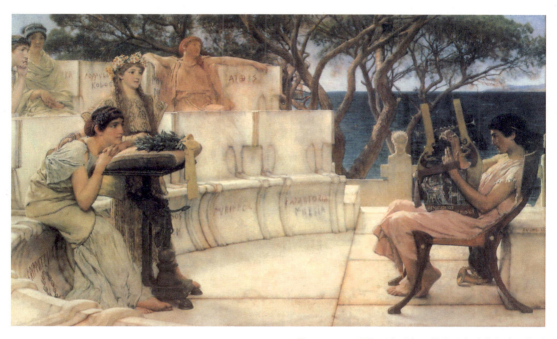

⬆ 画家形象地描绘了古希腊女诗人莎孚为人们朗诵抒情诗并以七弦琴伴奏的精彩场景。这真实地反映了古希腊人对艺术的高度信仰和热爱。

水墨画

传统的水墨画通常要求重笔轻墨,通过极重的笔力墨线,辅以淡墨甚至无墨,达到精神上的无限,它所用的颜料看似单一,却可以千变万化。

阳光中有什么

阳光是什么颜色？我想每一个人都会很快地给出答案，它是白色。在历史上，因为人们看到阳光是白色的，所以就认为白色是最纯的颜色，但是科学家却给出了完全不同的答案——在科学家的眼里，阳光是由很多种不同颜色的光组合而成的，白色只是一个表面现象而已。

七色光的来历

当一束白光照射在三棱镜上时，便会分解形成红、橙、黄、绿、蓝、靛、紫七色光。其实，阳光的颜色远不止这七种，只是当初牛顿发现光的秘密之时为了研究方便才定为七色光。

当这个彩色的圆盘高速转动的时候，你会发现它变白了。

牛顿的发现

长期以来，人们被阳光白色的外表所"欺骗"，直到1666年，牛顿用一个三棱镜分解出了七色光，才揭穿了阳光的秘密。

1672年，牛顿提交了关于阳光的色彩的论文，把自己对阳光的研究成果向世界公布，人们由此得知了阳光的秘密。

阳光的颜色

阳光是白色的吗？答案显然是否定的，但是阳光的颜色也远远不止七种，因为通过分析，科学家发现阳光中包括我们在自然界可以看见的所有颜色。

阳光的分解

当组成阳光的不同颜色的光在通过三棱镜的时候，它们的行进路线有略微的差别，所以当阳光重新从三棱镜中透射出来的时候，不同颜色的光就被分开了，因此我们会看到一条彩色的光带从三棱镜中射出，照射在墙上。

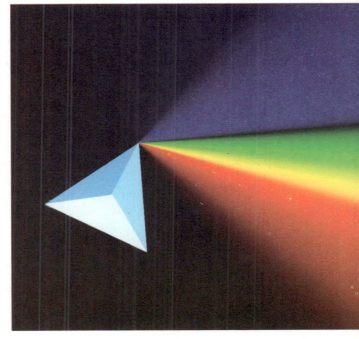

▲ 一束白光透过三棱镜的时候会被分解成彩色的光带

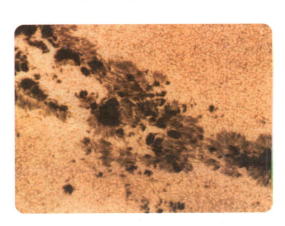

阳光与太阳上的物质

你知道吗？阳光还和太阳的组成物质有关系，通过研究阳光，科学家发现太阳主要是由氢元素和氦元素组成的。

古代人传说太阳中居住着乌鸦，当乌鸦出来的时候，太阳上就会出现黑斑，实际上这种黑斑不是什么乌鸦，而是太阳表面有一些区域的温度比周围的低，因此看起来比较阴暗，我们把它叫作太阳黑子。

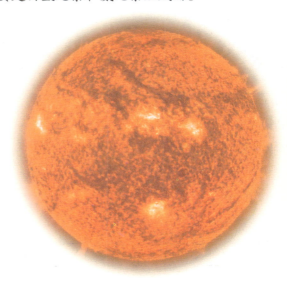

蓝色天空

蔚蓝的天空总使人心旷神怡，然而同时也蒙上了一层神秘的面纱。千百年来,人们从未间断地思考:天空为什么是蔚蓝色的? 谜底就在下面……

天空的颜色

尽管天空的色彩是多变的,但是不论它是蓝色,或是红色,或是紫色,甚至是罕见的绿色,这些都离不开光和一些微小物体的撞击。

空中微尘

如果你仔细观察,就会发现周围空气中飘浮着许多微尘,不仅如此,在我们头顶很高的地方也有这样许许多多的微尘,这些微尘是大气的一部分,它们为天空带来色彩。

光的散射

当光照射到一个物体上的时候，有一部分会被挡回来，射向其他地方，这就是光的散射。当阳光射入地球的时候，会被空气中的微尘散射，散射的阳光充满整个天空后，我们在地面上就看到了天空的色彩。

小知识

读者们，你们看到过绿色的天空吗? 显然没有，这是因为绿光穿过大气的能力较强，不容易被大气中的微粒反射，所以天空中极少会出现绿色，但在平坦的地方，当太阳升起或落下的一瞬间，你有可能看到天空中会出现一点点绿光。

最容易被散射的光

太阳光是由各色光组成的，但是并不是所有颜色的光都易于被微尘散射，只有蓝色光和紫色光最易被散射，但是因为我们的眼睛对蓝色光更敏感，因此，天空大部分时候在我们看来呈现的是蓝色。

海洋的颜色

海水和普通水一样，都是无色透明的，之所以呈现梦幻般的蓝色，是由于海水对光的反射和散射形成的；同上所述，由于眼睛的"偏见"，海洋往往就呈现出一片蔚蓝色或深蓝色了。

极 光

在南北极地区的极夜时期，空中便飘起了绚丽多姿的"彩带"，这种"彩带"便是极光。随着科学的发展，一直蒙着一层神秘面纱的极光已不再神秘，它是南北极地区特有的一种大气发光现象。

极光的产生

极光是由太阳活动所产生的带电粒子流与南北极高空稀薄的大气层发生猛烈冲击而形成的。由于地球磁南极和磁北极对粒子流的吸引，极光便仅现于南北极上空了。

极光的颜色

极光的颜色是由地球大气中的气体所决定的，这是因为大气层中含有不同的气体分子，这些分子与带电粒子相撞时，就会发出不同颜色的光，于是我们便看到了五彩斑斓的极光。在地球上，我们最常看见的极光是黄绿色和紫色的，接下来是蓝色，而红色极光十分罕见。

小 故 事

极光这一术语来源于希腊神话，然而早在两千多年前，我国古书《山海经》中就有了关于极光的记录。书中谈到北方夜空中出现一条闪闪发着红光的"触龙"，"触龙"即为极光。

神秘的黑极光

极光间时常出现的空隙或者暗带，就是我们所说的黑极光，它曾经引起了人们的种种猜测。关于它形成的原因，至今仍然是一个谜团，相信随着科学的进步，终有一日，人们会揭下它神秘的面纱。

出现地点

极光只出现在南北纬60度以上的110千米的高空中，越接近极点，看到极光的几率就越大。

影 子

在阳光灿烂的午后,我们会发现周围的房子、树、嬉戏的孩子们,无论是静的还是动的,都会在地面上投下一片黑影,这便是影子。它是实体在光源照射下投出来的虚影。

阴影

光和影子有着很大的关系,光受到物体的阻挡,这个物体背后部分区域就没有光线照射,在我们看来,这个区域就成为了一片黑乎乎的阴影了。

小 知 识

你有没有过这样的经历,在较长的荧光灯下的影子要比白炽灯下的影子暗。这是因为荧光灯发出的一部分光到达了阴影区域,使阴影变得不那么黑,而白炽灯照射的范围小,被挡住后就照不到阴影区,因此影子也更黑。

光的直线传播

由于地球是圆的,大海上一艘船在离海岸很远的时候,是看不到海岸线的。这是因为光总是沿着直线传播的,海岸线反射的光无法曲折着到达船员的眼中。

"形影不离"

有一则寓言故事里讲到一个人和他的影子赛跑,结果活活累死了。这是为什么呢? 原来,当人站在阳光下时,在地面上就会产生影子,人走到哪儿,它就跟到哪儿。

◀ 严格来说,影子的变动要比人身体的运动慢一点,但是在实际中,我们的眼睛无法区分这微小的时间差别。

阻挡

有一些物体可以阻挡光,使光无法通过,我们把这些物体称为不透明的物体。

日食和月食

大自然的奥妙总会给人们带来惊奇，尽管起初人们困惑不解乃至提出各种臆想，但随着科学家的不断探索，终有水落石出的一天。比如日食和月食，古代人们认为这是一种不祥的预兆，而在今日看来，只是一种光学现象而已。

日食

日食是一种自然现象，是因为月球遮住了太阳，使地球上某个地方的人看不见太阳。当发生日全食的时候，中午会变成夜晚，星星在天空眨眼，鸟儿也开始返巢，但是还可以看到若明若暗的太阳挂在天空。

原因

当你和太阳以及大树三者的位置大体在一条直线上，而你又站在大树的影子里时，就会发现看不到太阳了。日食也是这样，它是处于月球投在地球上的影子里的人们所看到的天文景观。

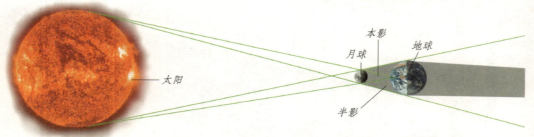

发生日食的时候，在本影区里，我们可以看到日全食，在半影区里，我们可以看到日偏食。

月食

　　月食一般发生在农历十五或十六，它是因为地球遮挡了太阳，使阳光无法照射月球，结果就发生了月食。有趣的是，每次月食发生的时候，月球总是会全部被挡住。

红色月亮

　　虽然发生月食的时候，月球被地球遮挡住了，不过因为地球会向月球反射阳光，其中以红色光最多，所以即使被全部遮挡住，我们还是可以看见红色的月亮挂在天空。

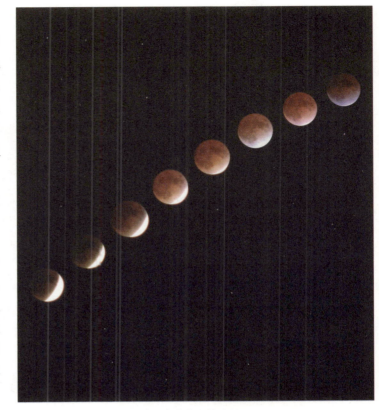

⬆ 一次月全食发生的过程

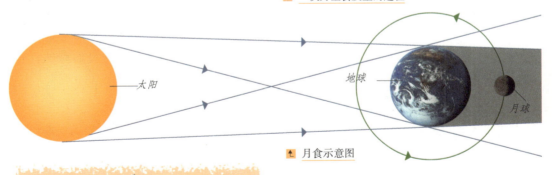

太阳　　　　地球　　月球

⬆ 月食示意图

小 实 验

　　一个简单的实验就可以解释日食：你需要一个手电筒、兵乓球和地球仪。在一个漆黑的地方用手电筒照射地球仪，然后用兵乓球遮挡光线，假设手电筒就是太阳，兵乓球是月亮，那么当月亮移到太阳和地球之间时，地球上就会有阴影，这就是日食。

有规律的日、月食

　　地球以一定规律绕着太阳转，月亮也同样绕着地球转，因此日食和月食的发生是有规律的，所以科学家可以计算出下次发生月食或日食的时间和地方，并提前做好观测的准备。

光合作用

我们知道,植物素有"食物链中的生产者"之称,为什么呢? 因为植物能够通过光合作用生产有机物,贮存能量,而这些有机物就是"食物链中的消费者"——其他动植物赖以生存的根本。

什么是光合作用

如果说绿色植物的叶子是一个制造淀粉的工厂,而叶面气孔吸收的二氧化碳和根部吸收的水分是原材料的话,那么光就是必不可少的条件,促使植物生产有机物和氧气,这个过程叫光合作用。

光合作用的产物

我们知道,森林是大自然的总"调度师"。这是因为植物在进行光合作用时不仅可以吸收二氧化碳,制造有机物,贮存能量,还可以释放出新鲜的氧气,以此起到调节大气的作用。

← 依靠光合作用,植物制造有机物和释放氧气,养活地球上的生命。

小 实 验

先准备两个盛满清水的玻璃杯,然后把两株水草分别放入两个玻璃杯中,并把一个玻璃杯放到阳光下,另一个放在阴暗处。仔细观察,你会发现:在阳光下的玻璃杯中的水草会不断地冒出气泡,而在阴暗处的则不易冒出气泡。

叶绿体

植物体由一个个细胞器组成，这些细胞器又由多种色素组成，这些色素又是进行光合作用必不可少的一部分。因此，可以说这种细胞器是植物生长繁殖的重要元素，它便是叶绿体。

↘ 因为叶的光合作用不使用绿色光，所以绿色光会被树叶反射出去，于是我们看到树叶都是绿色的。

植物也呼吸

和动物一样，植物也需要不停的呼吸。所不同的是植物没有明显的呼吸器官，但它的各部分——根、茎、叶、花、果实、种子的每一个细胞都在进行呼吸。所以说植物也是会呼吸的。

树叶为什么会变黄

秋天到来的时候，你会见到树叶变得枯黄了，这是因为能反射绿光的叶绿素在秋天都没有了，而黄色叶绿素的数量却增加了，它能反射黄色，因此树叶就变黄了。

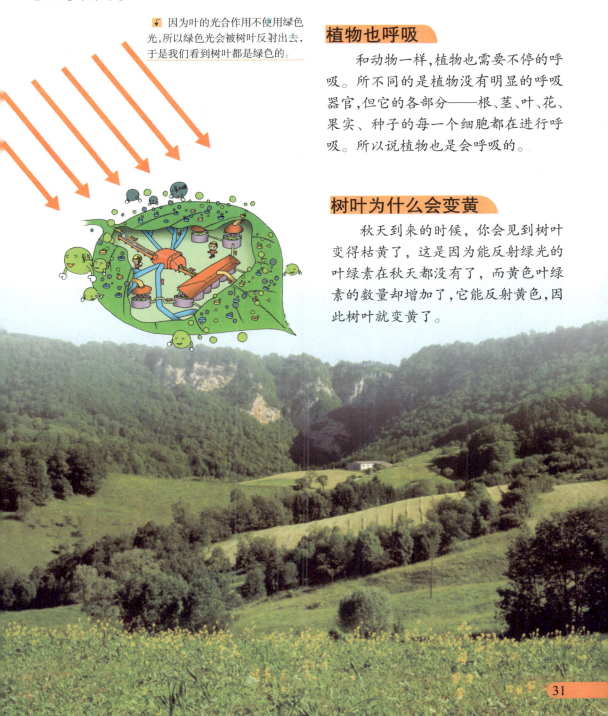

 # 反射镜

古代的人们梳妆打扮用的是打磨光滑的铜镜，现在普通的镜子则是在玻璃的背后薄薄地涂上一层银，因为它能将照射过来的光线反射回去，所以人们把这类能反光的镜子通称为反射镜。

光的反射

除了纯黑色的东西无法反射光外，几乎每样东西在光的照射下都会反射光线，我们之所以能看到物体，就是因为物体反射光线的缘故。

▲ 物体把阳光反射到镜子上，镜子再把光反射回来，于是我们就看到了镜子中的图像。

 小 实 验

你只需要两片镜子和一个空心硬纸筒，就可以制造一个潜望镜。先把纸筒两端斜向下剪去一部分，然后把镜子斜插到纸筒里，这样就制成了一个简单的潜望镜，利用这个潜望镜就可以看到障碍物的另一边了。

平面镜

平面镜就是一面十分光滑平整的镜子，在日常生活中我们经常看到平面镜，这说明它的应用十分广泛，例如：家庭用的穿衣镜、练功房里墙壁四周的镜子等都是平面镜。

▲ 照射到反射镜上的光会以一定的路径反射回来

凸面镜

凸面镜可以发散光线，进而能够扩大视野，在生活中的应用非常多，比如汽车的后视镜、街道的拐角处竖立着的反光镜等，可以防止交通事故的发生。

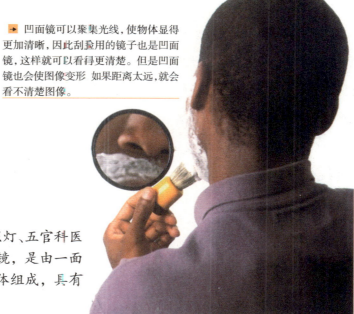

→ 凹面镜可以聚集光线，使物体显得更加清晰，因此刮脸用的镜子也是凹面镜，这样就可以看得更清楚。但是凹面镜也会使图像变形 如果距离太远，就会看不清楚图像。

↑ 汽车上安装的后视镜是凸面镜，它可以让司机看到身后更多的情况。

凹面镜

太阳灶的主要元件、探照灯、五官科医生使用的窥视镜等都是凹面镜，是由一面是凹面而另一面不透明的镜体组成，具有聚光的特性。

水面倒影

平静的水面就像一面镜子一样，可以把我们的身影显示出来，这是因为水面对光有一定的反射作用。但是因为水也会让光穿过，所以水面倒影比较暗。

 # 哈哈镜

在游乐场见过哈哈镜吗？它是一位神奇的魔术师，人只要在它对面一站，立刻就会"面目全非"：要么又高又瘦，要么又矮又胖，要么没了双腿，只有上下颠倒的头和身体，一切有形的物体在它面前都会发生夸张的扭曲……

滑稽的哈哈镜

当你站在哈哈镜前，镜子里的你，脸可能成了扁圆的形状，鼻子却变得非常长；上身可能变得细长，下身却显得粗短，看起来滑稽可笑，活像个"丑八怪"。

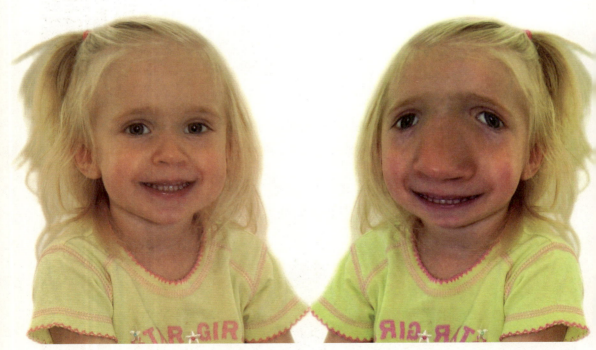

⬆ 镜子的凹凸不平会改变映射出来的图像。像上面这个小女孩，左边是她正常的图像，右边是在凹面镜前照的图像。

哈哈镜的原理

虽然镜子可以照出我们的模样，但是如果镜面不平整，那么镜子中我们的模样就会变化，于是人们利用这个原理制造出娱乐用的哈哈镜，它可以反射出千奇百怪的镜像，或放大或缩小或是产生扭曲，以失真而夸张的效果惹人发笑，深得孩子们的喜爱。

⬆ 用不同的哈哈镜照射出来的图像也不一样，就像二面这个小男孩，中间是正常镜子的图像，左边是一个中间凸出的哈哈镜照射的图像，右边是一个中间凹进的哈哈镜照射的图像。

生活中的哈哈镜

其实，哈哈镜并不是什么稀奇东西。在我们周围就有各种各样的哈哈镜，如镀铝的台灯柱和家具腿、自行车车铃盖、罐头盒、不锈钢锅、勺子、小汽车的外壳等，都是不同形式的哈哈镜，它们都会使人像夸张变形。

小 实 验

先拿来一盆清水，等水面平静以后，你可以看到自己在水面上的倒影，这个时候用手指点一下水面，让水面晃荡起来，这时你会发现，随着水面起伏不平，自己的脸是不是也变长或变短了。

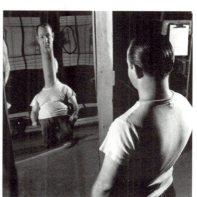

➡ 请聪明的读者想一想，右边这个人前面的哈哈镜是怎么制成的。

万花筒

当你同时站在好几面镜子旁时，就会发现每个镜子里都有一个自己的影像，你举手，他们也跟着举手；你蹲下，他们也跟着蹲下，这就叫多重镜像。万花筒就是一种利用多重镜像效应的有趣玩具。

神奇的万花筒

在古代，人们就对万花筒感到惊奇不已。在古希腊，万花筒这个词的意思是"美丽的形状"，当你转动万花筒时，就可以看到令人眼花缭乱的图像了。

⬆ 通过万花筒看到的纸鹤

千变万化的图像

从万花筒中看到的图像甚至比哈哈镜中的镜像还夸张，你可以看到无数次重叠在一起的图像，也可以看到被极度扭曲且又重新组成一种独特图案的图像，如此之类，千变万化，不胜枚举。

原理

当外面物体反射的光进入玻璃球后，先是被扭曲扩散，然后再经过三面处于不同角度的镜子反复的镜像，在万花筒另一端的人眼就可以看到千奇百怪的图像了。

↑ 上图中的机器猫玩具在两面垂直放置的平面镜中呈现了多个镜像，这也是万花筒的基本原理。

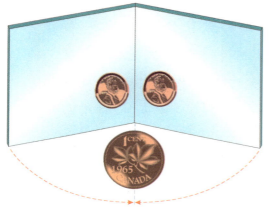

↑ 一面镜子只能出现一个镜像，如果把两面镜子以一个夹角拼起来，就会出现两个或更多镜像。

小　故　事

在一百多年前，万花筒从西方传入我国，这种新奇的玩具被称为西洋镜。由于当时制作万花筒的材料和工艺都受到限制，因此万花筒只能作为达官贵人的私室珍藏。

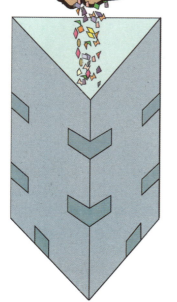

结构

万花筒是一种简单的多重镜像玩具，它主要用三面条形平面镜边对边地组成一个三棱柱，在其中一端放置一个透明的玻璃球，再用彩纸、胶带缠裹固定好，一个漂亮的玩具就制成了。

➡ 右图是制作万花筒的材料，一起来开动脑筋，动手制作一个神奇的万花筒吧！

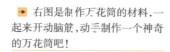

光的折射

如果在晴朗炎热的天气,开车行驶在公路上,你常常会发现前面的路面似乎有一洼洼的水;晴朗的夜晚,你会看到星星在向你眨着眼睛;还有,早晨的太阳和初升的满月似乎比平常都要大一些。这些令人惊奇的现象,都是由光的折射造成的。

弯曲的筷子

当我们将筷子放进一杯水里时,会惊奇地发现,筷子变弯曲了,这是为什么呢? 其实,这是大自然跟我们开的一个小小的"玩笑",因为光在水里被折射了。

▼ 弯曲的筷子

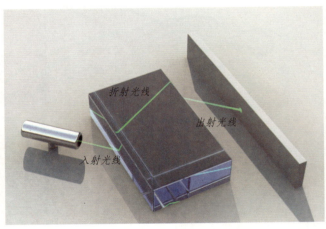

折射光线

出射光线

入射光线

光线折射的原理

我们知道,光是沿直线传播的,但当光线从空气中斜射入水中时,光线就会改变传播方向,发生偏折。同理,放进水中的筷子反射的光线穿过水进入空气时发生偏折,在人眼看来,筷子就像折断了一般。

奇妙的现象

我们在岸上看水里的鱼,会觉得它离水面更近,但是如果你在水里看鱼,就会看到两条鱼、一条在水里,一条在天空,这是由与折射有关的自然现象造成的。水中的物体发出的光穿越水面的时候,如果入射角大于49°,就会全部反射回水中,这个时候水面就像是一个镜子,会让你看到一条鱼在天空中"游泳"。

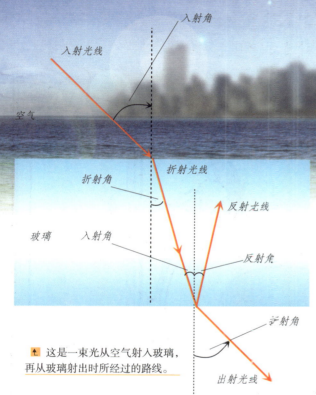

入射角
入射光线
空气
折射光线
折射角
反射光线
玻璃   入射角
反射角
折射角
出射光线

 这是一束光从空气射入玻璃,再从玻璃射出时所经过的路线。

折射和捉鱼

有经验的渔民在捉鱼时,都会向眼睛看到的鱼儿的斜下方叉下去,这是为什么呢? 原来,这是由于鱼反射的光从水中射入空气时发生折射,因此看到的只是鱼的虚像,而真正的鱼在下方。

小 知 识

你有没有这样的感觉,当一个脸盆盛满清水的时候,它看起来浅了很多,这也是因为水折射光的缘故。所以如果你去游泳,一定要看游泳馆立的标尺标示的泳池有多深,而不要凭自己的眼睛判断游泳池的深浅。

滤光镜

如果我们在透明的玻璃窗上贴上彩色透明的纸或薄膜，当光线透射时，窗玻璃就会呈现五彩缤纷的景象，根据这种原理，人们出于各种需要制造了多种多样的滤光镜。

什么是滤光镜

摄影时需要用一种镜片阻挡某些颜色的光线，使其不能通过镜头进入相机，或限制其通过的量，这种镜片就叫作滤光镜，也叫滤色镜。

滤光镜的作用

滤光镜的作用当然是过滤光线，自然界中的光线颜色很多，有时候我们只需要观察某一种颜色的光，这个时候就可以用滤光镜过滤掉不需要的光线。

⬇ 在夏天，戴上太阳镜，就可以阻挡强烈的阳光。

透过红色玻璃看世界

如果你透过红色玻璃去看周围的事物，就会发现，眼中的世界全都变成了红色。在夏天阳光强烈的时候，只要带上太阳镜，阳光就不那么强烈了，因为太阳镜的镜片就是滤光镜。

生活中的滤光镜

在日常生活中,我们可以看到各种滤光镜,比如照相机镜头前的各种颜色的镜片,焊接时使用的防护罩上的深色玻璃,这些滤光镜起着不同的滤光作用。

小 知 识

有时候面对同样的景色,即使是使用相同的照相机,你拍摄出来的照片效果也没有专业摄影师拍摄的漂亮,这是因为摄影师使用了滤光镜,他镜头中看到的景物和你看到的可不一样呢。

彩光灯和滤光镜

你在一些舞台上会看到能放射出各种颜色光线的彩光灯,实际上彩灯里是一盏能发出白光的灯,外面罩着贴有不同滤光镜的罩子,因为不同滤光镜允许不同的光线射出,所以我们就看到彩光灯发出不同的颜色。

⬇ 绚丽的舞台灯光也是用滤光镜制造出来的

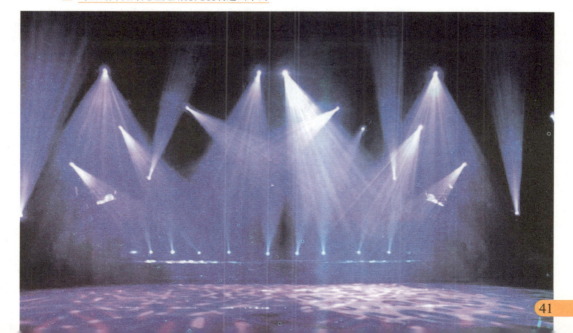

凸透镜

在古代,人们就懂得用透镜来聚光取火了。到了13世纪,欧洲人把水晶研磨成镜面凸起来的透镜,用来改善视力,这就是凸透镜。因为水晶太昂贵了,所以我们今天所见的凸透镜都是用普通玻璃制造的。

水珠放大图像

在有露的清晨或者雨后,你仔细观察就会发现透过树叶上的小水珠,树叶的叶脉纹理看起来更清晰,而且更大。这是为什么? 原来,由于水珠是凸起的球形,从而引起了光的折射,使水珠下方的物体看起来变大了。

什么是凸透镜

老花镜、水珠、放大镜,甚至是人的角膜等都是凸透镜,它的中间比边缘厚,一般双面凸起,也有的单面凸起。凸透镜具有汇聚光线的本领,如果你让阳光从凸透镜穿过,就会发现在另一面出现一个光斑,这就是被汇聚的阳光。

放大镜

我们平常看到的放大镜就是一种凸透镜, 它的放大倍数一般在8倍以内,也就是说,如果你拿它去看一个米粒,看到的图像要比实际的大8倍。

焦点

用放大镜点燃火柴或者其他易燃物品,阳光经过放大镜的折射而汇聚成一点,这一点具有很高的温度,从而引燃物品,它就是焦点。

小 实 验

如果你能找来一副老花眼镜,那么我们就可以进行一个很有趣的游戏。你把老花眼镜放在眼睛前(距离要远一些),然后请小伙伴观察,他有可能在看了之后会哈哈大笑,别奇怪,因为他会看到你的眼睛被放大了。

倒立成像

如果从照相机的取景器看周围的事物,你会发现所见的景象都是完全颠倒了的,这是由于照相机的镜头是一面凸透镜,如果眼睛距离凸透镜过远,就会看到一个倒立的图像,所以从取景器看进去,所有的景物都是倒立的。

从凸透镜看出去,会发现景物都是倒立的。

凹透镜

还有一种重要的透镜叫做凹透镜,自从被发明以来,它就起着十分重要的作用。它最最普遍的用途是制作近视眼镜,帮助那些被近视困扰的人看清东西,矫正视力。

什么是凹透镜

仔细观察一副近视镜,用手感受一下它各处的厚度,你会发现镜片的中间比边缘要薄得多,这便是凹透镜。和凸透镜汇聚光线的作用相反,它对光起到发散的作用,可以让一束平行光分散开,因此,也叫发散透镜。

光线发散

入射光线

凹透镜

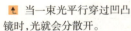当一束光平行穿过凹凸镜时,光就会分散开。

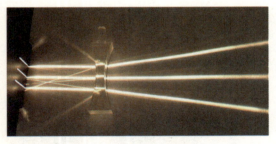

凹透镜和凸透镜相反,它会把光线散开,因此人们用凹透镜来分散光线。

缩小的图像

你如果戴过近视镜,就会发现透过近视镜看到的物体会变小,这是凹透镜的一个特点,它可以在与物体相同的一侧形成一个正立、缩小的像。

小 实 验

在一间漆黑的房子中,我们在一个凹透镜前放置一支燃着的蜡烛,然后不断地变换蜡烛与凹透镜的距离,仔细观察就会发现,烛光透过凹透镜后会产生不同的像,这些像是正立或倒立的、放大或缩小的实像或者虚像。

近视眼镜

我们的眼睛就像是一个安装了凸透镜的光线接收器，角膜、晶状体和玻璃体可以使光弯曲，射向视神经细胞，如果长时间不活动眼睛，眼球就会变形，使眼球屈光的角度发生变化，于是我们就看不清楚远处的物体，这就是近视眼。用一个合适的凹凸镜可以调节光线，使光线以合适的角度进入眼睛，就可以让眼睛看得更清楚。

⬆ 单面凹透镜和双面凹透镜

不同式样的凹透镜

我们见得最多的凹透镜式样是近视眼镜那种，叫"凸凹透镜"。除此之外，还有两种主要式样：一种像一个反过来写的小括号")("，叫"双凹透镜"；另一种叫"平凹透镜"，顾名思义，它一面凹陷一面平滑，像一个中括号"]"。

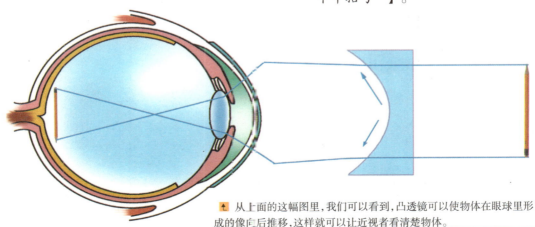

⬆ 从上面的这幅图里，我们可以看到，凸透镜可以使物体在眼球里形成的像向后推移，这样就可以让近视者看清楚物体。

显微镜

早在几千年前，古代人们就已发现通过球形透明物体去观察微小物体时，可以使其放大，但是直到 17 世纪初才出现显微镜，它把人们带到一个全新的认识水平。在这以后，科学家利用显微镜取得了一系列重要发现。

什么是显微镜

借助眼睛，我们看到这个美丽富饶的世界，但是你可曾想过，在我们眼睛看不到的地方，还有一个世界，显微镜可以帮助我们看到这个微小的世界，让人大开眼界，这也是这种神奇的仪器被称为显微镜的原因。

 显微镜是一种精密仪器，它经常用于观察微小的生物，像各种细菌。

显微镜的原理

仔细观察复式显微镜的组成部分，你会发现它主要由目镜、物镜及平面镜组成。物镜和目镜是两面凸透镜，物镜放大物体后得到一个比物体大的实像，经目镜再次放大后成一个更大的虚像。

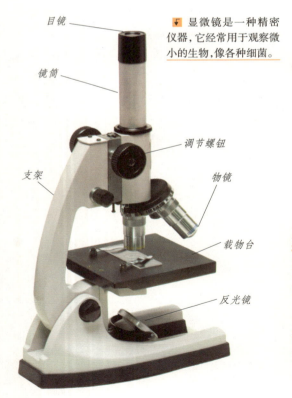

目镜
镜筒
支架
调节螺钮
物镜
载物台
反光镜

小 故 事

列文虎克是与牛顿同时代的荷兰科学家，自幼喜欢研磨透镜，透镜放大下的世界引起了他浓厚的兴趣，于是他开始尝试着研制显微镜。他制造的透镜中，有一种只有针头那样大，适当的透镜配合起来最大的放大倍数可达 300 倍呢！

利用

在有生物、化学和物理实验室的地方,我们经常看到显微镜的身影,因为在这些实验室里经常要观察十分微小的物体的运动,显微镜是最有力的观察工具。

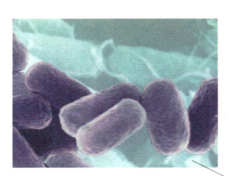

↑ 利用显微镜观察到的浮霉菌

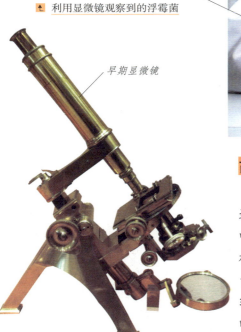

早期显微镜

胡克的发明

1590 年,荷兰和意大利的眼镜制造者已经造出类似显微镜的放大仪器。到了 17 世纪中叶,英国的胡克在显微镜中加入粗动和微动调焦机构、照明系统和承载标本片的工作台,发明了复式显微镜。这些部件经过不断改进,成为今天我们看到的显微镜。

↑ 列文虎克和他制造的显微镜

望远镜

你看过《西游记》吗？是不是对其中的"千里眼"羡慕不已？其实，借助望远镜的帮助，我们每个人都可以成为"千里眼"，现在就来了解这种神奇的工具是如何让一个普通人成为"千里眼"的吧。

什么是望远镜

我们知道透镜中的一种——放大镜可以近距离地放大图像，而当两面透镜遵从合适的组合时，便可以将更远处的景色放大，并透过靠近眼睛的那面透镜进入眼睛，这种仪器就是望远镜。

发明

17世纪初的一天，荷兰一家眼镜店的店主利伯希偶然发现，通过排成一条直线的凸透镜和凹镜看过去，远处的教堂塔尖好像变大拉近了，这个发现很快传遍了欧洲。后来，伽利略、开普勒、牛顿等科学家相继进行研究改进，制成了折射式望远镜和反射式望远镜。

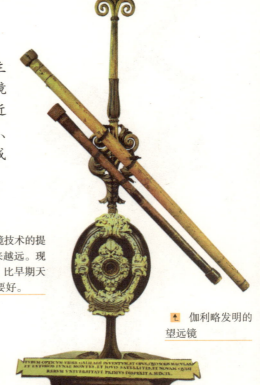

◀ 伽利略发明的望远镜

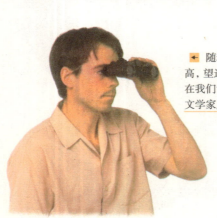

◀ 随着人类制作透镜技术的提高，望远镜也看得越来越远。现在我们常用的望远镜，比早期天文学家用的望远镜还要好。

望远镜原理

见过望远镜的同学们都知道，目镜直径要比物镜小得多，当物体反射的光线透过物镜后，会被折射而汇聚成倒立缩小的实像，落在目镜的焦点处，经过目镜还原，就好像把远处的景物一下子拉近了一样，这时从目镜望去，就可以看到很大的像。

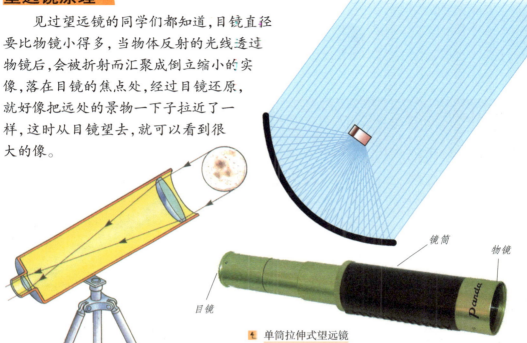

镜筒

物镜

目镜

⬐ 单筒拉伸式望远镜

重要的望远镜

我们生活中的玩具望远镜属于折射式望远镜，因它镜筒短、视野大，携带方便，常用于军事、野外考察以及旅行等；天文台则是用反射式望远镜来观察宇宙、天体的。

⬐ 射电望远镜

摄 影

我们生活中看的电视节目、影片、相片等影像信息，都是经过摄影而得到的。摄影就是记录影像的过程，我们一般使用"傻瓜照相机"或者数码照相机进行摄影，拍摄影剧则需要 DV 或者专业的摄影机。

小孔成像

早在战国时期，墨子的《墨经》中就已记载了小孔成像的奥秘：物体的任何一点反射光都会通过小孔在光屏上成像。在摄影术应用上，光屏被胶片一类的感光介质所取代。

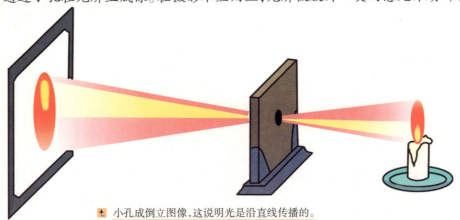

⬆ 小孔成倒立图像，这说明光是沿直线传播的。

摄影术的发展

1838 年，法国物理学家达盖尔发现，涂上水银的物体可以将影像留在物体上自身，摄影术从此诞生了，数年后传入中国，在中西方两个摇篮中同时发展起来。

⬆ 这是达盖尔和他发明的相机

↑ 随着电子技术的发展,现在数码摄影机也走进了千家万户,让人们记录自己生活中的欢乐时光。

摄影机

在照相机诞生不久，新的问题出现了:照相机可以单一地拍摄静止的物体,但如何拍摄连续的、运动的东西? 1874 年，法国的朱尔·让桑发明了一种能以每秒一张的速度连续拍照的摄影机;1889 年,爱迪生又发明了一种活动摄影机,不久便迎来了电影的诞生。而在今天,人们已经可以使用数码摄影机拍摄连续画面了。

照相机

我们生活里拍的"全家福"、"婚纱照"等都是用照相机来实现的,被拍摄的物体反射的光从照相机的镜头进入,在底片上感光,再转印到特殊的相纸上,就成了相簿中的相片。

→ 现代的照相机不仅小巧精致,拍照容易,而且拍摄质量也高,受到人们的喜爱。

胶片

我们相簿中的相片通常都要保留几张底片,那便是胶片,也叫菲林,现在一般是指胶卷,也可以指印刷制版中的底片。它的表面涂有特殊的感光材质,能够记录被拍摄的影像。

光的速度

生活中我们发现,在雷雨天气,往往是先看到闪电然后才听到雷声,由此可以得出一个结论:光比声音跑得快。但是光的速度有多快呢? 它能不能被测量出来呢? 让我们一起来看看吧!

古人的认识

在古代,人们认为光的传播不需要时间,因此无论是夜空的星光,还是稍纵即逝的闪电,都是在一瞬间就能到达的,这种观点对早期的科学家影响非常深。

伽利略测光速

在 17 世纪初期,伽利略利用测量声速的办法测量光速,他让两个人各拿一盏灯,站在两座山头上,一人先点亮灯,另一人看到灯光,再打开灯,等最先点亮灯的人看到对方的灯光后,测出使用的时间,就可以测出光的速度。但是伽利略的实验最后失败了,因为光跑得实在太快了。

伽利略测光速实验的示意图,利用这种方法是不能测量光速的。

光是否有速度

在伽利略测量光速失败后,科学家们对光是否有速度展开争论,但是随着科学的发展,一些科学家发现光是有速度的,而且还计算出了光的速度。

伽利略是 16~17 世纪意大利科学家。

从天文观测中诞生的光速

在 17 世纪后期,丹麦天文学家罗麦观测到木星遮挡自己卫星的时间并不是一成不变的,他认为这是由于光具有速度造成的。后来,布雷德雷在进行天体运行观测的时候,证实了他的发现。

 这是一个探测土星的卫星,它的后面是土星。

⬆ 布雷德雷是 18 世纪英国天文学家,他证实了罗麦提出的光是有速度的理论,并计算出阳光到地球的时间大约是 493 秒。

现在光的速度

19 世纪以后,科学家不仅知道光是有速度的,而且还用精密的仪器测量出了光的速度,现在我们知道光在真空中的速度大约是每秒 30 万千米,并且是固定不变的。

用激光测量光速

现在的科学家在实验室里用激光测量光速,他们先把需要的激光调制出来,然后再让激光通过由许多光学仪器组成的复杂系统,测出激光在系统中的变化,然后就可以根据这些数据计算出光的速度。

⬅ 科学家可以测量激光的频率和波长,这样就可以计算出光运行的速度。

光 谱

如果你把各种颜色的光按照频率的大小摆放起来,这些光就组成一条光带,看起来就像是一张谱表,科学家给它起了个形象的名字:光谱。

什么是光谱

让一束阳光穿过三棱镜,便可以看到白光被分成不同颜色的光,这些光被称为单色光。把这些单色光按波长长短的顺序排列起来,就形成光谱。光谱分为线状光谱、带状光谱、连续光谱和吸收光谱四种形式。

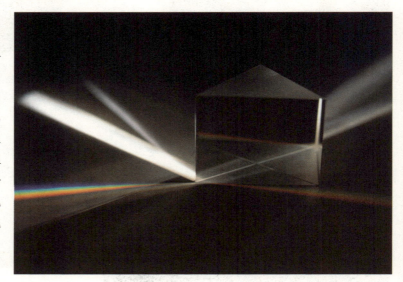

分光镜

观察光谱要用分光镜,分光镜可以根据光谱分析物质的成分,然而直到1859年,才由本生根据三棱镜的色散原理发明了世界上第一个分光镜。

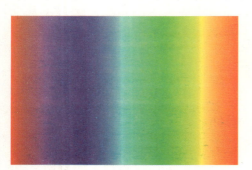

连续光谱

在可见光段,包含有从红光到紫光等各种色光的光谱叫做连续光谱。它是发射光谱之一,主要由温度极高的固体、液体或高压气体产生,它包含所有可见的光。

明线光谱

明线光谱中只有一些不连续的亮线，它也是发射光谱之一，主要由稀薄气体或金属的蒸气产生，其中的亮线叫做谱线，各条谱线对应于不同波长的光。

如果你在燃烧的酒精灯上放一点食盐，就会发现酒精灯的火焰变成了黄色，这是因为食盐中含有金属元素钠，它在燃烧的时候，会发出固定颜色的光，在我们能看到的可见光波段，钠发出的是亮黄色的光线。

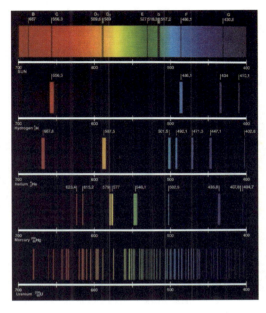

稀薄气体发光是由不连续的亮线组成，这种发射光谱又叫做明线光谱。

吸收光谱

高温物体发出的白光通过物质时，某些波长的光被物质吸收后产生的光谱，叫做吸收光谱。组成物质的原子吸收白光里相应波长的光后产生了暗线，因此也叫暗线光谱。

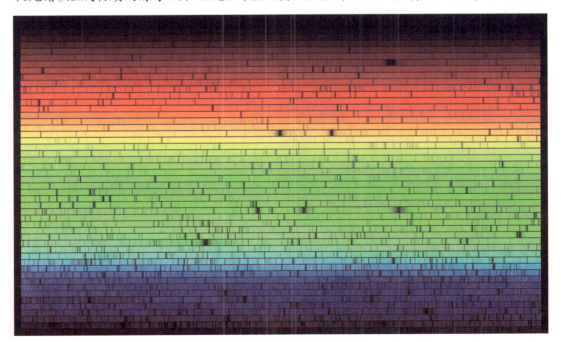

红外线

寒冷的冬天，我们用电热毯、电暖炉等来取暖，这些物品是以辐射的方式散热的。在这个过程中，产生了一种真实存在却无影无形的辐射光，这种光便是红外线。

生活中的红外线

我们身边的每一种物体都可以发射出或强或弱的红外线，可以说红外线在我们的生活中无处不在。人们制造出红外线夜视仪和红外线控制器。红外线在医学上还被用来检查和治疗疾病。

⬆ 利用红外线发热制成的按摩仪，可以缓解肌肉酸痛等症状。

红外线的发现

1800年，英国科学家赫歇尔在研究光谱中各色光的热效应时，发现在红光外的区域看不见任何光线，但是温度却升得很快，由此发现了红外线。

看不见的红外线

红外线也是电磁波，其波长比可见光的长，所以人的肉眼看不到它。红外线普遍存在于自然界中，不仅太阳光中有红外线，任何温度高于0℃的物体都在不停地辐射红外线。

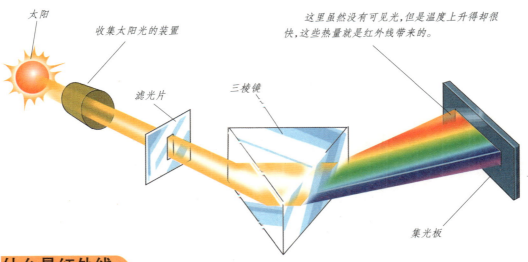

太阳

收集太阳光的装置

滤光片

三棱镜

这里虽然没有可见光,但是温度上升得却很快,这些热量就是红外线带来的。

集光板

什么是红外线

红色光是七色光中波长最长的,但还有比之更长的热射线,即红外线。"红外"意思是在红色光范围之外。

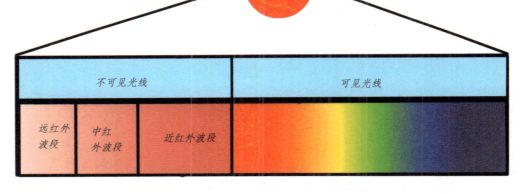

太阳

不可见光线

可见光线

远红外波段	中红外波段	近红外波段

热效应

用红外线辐射一个物体,就可以给这个物体传导热量,如果红外辐射强度超过物体的散热能力,物体温度就会升高,这就是红外线的热效应。

小 知 识

在夜晚,数码摄像机会发出人们肉眼看不到的红外光线去照亮被拍摄的物体,红外线经物体反射后进入镜头进行成像,而不是可见光反射所成的影像。因此,数码摄像机可拍摄到黑暗环境下肉眼看不到的影像。

紫外线

我们知道,阳光是紫外线的重要来源,但大部分被位于地球大气层上部的臭氧层吸收,只有少数到达地面。紫外线具有很强的杀菌能力,因此医院里经常会用紫外线来对病房进行消毒。

什么是紫外线

相对于红外线,在光谱的紫端以外,也有一种看不见的光,这种光叫做紫外线,其最显著的特征就是在照射荧光物质时,可以使荧光物质发出很强的荧光。

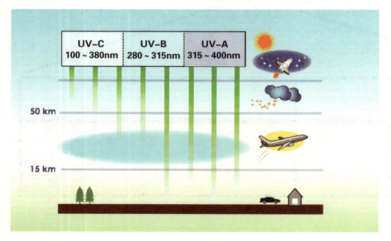

從示意图中我们可以看到,波长较长的紫外线穿透大气的能力也强。

紫外线的发现

1801 年,德国化学家里特在光谱的紫光区域外侧放置了一张相片底片,结果底片感光了,这说明在紫光的外侧还存在一种看不见的光线。于是,紫外线就被发现了。

紫外线杀菌以及危害

适当的紫外线辐射有助于人体合成维生素D,而且由于紫外线能杀死微生物,还可以用来杀菌。但过量的紫外线辐射会对人体造成伤害,因为紫外线能透过我们皮肤的表皮,杀伤真皮层的神经细胞和毛细血管。

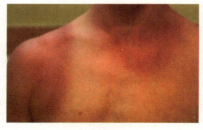

被紫外线晒伤的皮肤

身边的紫外线

紫外线照射可以使荧光物质发出荧光，人们利用紫外线的这个特点，制造出防伪标识和可以辨认钱币真伪的"验钞机"；紫外线对一些昆虫有特别的吸引力，因此可以用来诱杀害虫；在地质开采上，紫外线还可以用来判断石油的成分等。

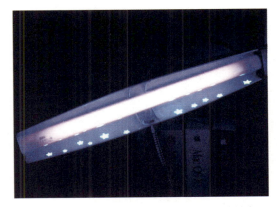

↑ 验钞机可以帮助人们辨别假钞，在生活中被广泛应用。

小 知 识

验钞方法有很多，荧光检测就是其中之一，其工作原理是针对纸币的纸质进行检测。纸币一般采用专用纸制造，而假钞通常采用经漂白处理后的普通纸制造，经漂白处理后的纸张在紫外线的照射下会出现荧光反应，真币则不会。

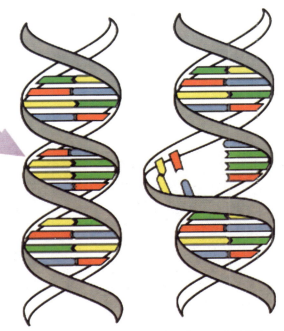

↑ 紫外线辐射可以改变生物 DNA 分子结构

不同波长的紫外线

紫外线按照波长的不同分为 A、B、C三个波段，即近紫外线、远紫外线以及超短紫外线。这三个波段的紫外线对人体具有不同程度的渗透能力，波长越短，对人类皮肤危害越大。

↑ 如果失去了臭氧层的保护，紫外线将杀死地球上绝大部分生物。

X 射线

如果有人不慎骨折或者扭伤了关节而去医院，那么医生会建议他拍片，这里所说的"拍片"其实就是用 X 射线拍摄出人体骨骼的图片，以此对伤势进行分析和治疗。那么 X 射线为什么具有这样的能力呢？让我们一起来探索吧。

应用

X射线在医学、天文、建筑等领域有着重要的用途：在医学上，X射线除了拍X照，还可以用来杀死肿瘤细胞；在天文上，科学家借助 X 射线发现了许多新天体；建筑上，X 射线可以用来测量墙壁厚度，等等。

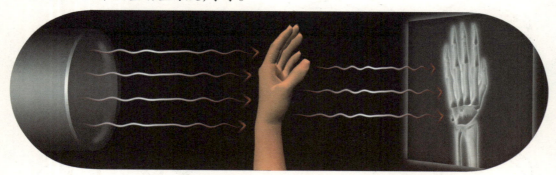

X 射线 透视人体示意图

科学家利用 X 射线天文卫星观测宇宙中的 X 射线 辐射源，从而发现未知新天体。

伦琴发现 X 射线

1895 年，德国科学家伦琴在研究真空中的放电现象时，发现了一种不仅能够穿透人体，而且能够穿透钢铁的光，这种肉眼看不到的光被他命名为 X 光，也即 X 射线。

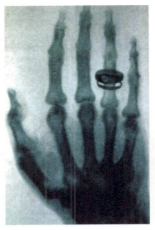

↑ 上右图是世界上第一张 X 射线照片，右图是 X 射线发现者伦琴。X 射线可以在几乎不损害人体的情况下查看人体内部，为医学探索提供了极大的帮助。

产生

人们用特定的仪器获得 X 射线，在 X 射线仪里有一个电子发射枪，另外一面是接收靶，当电子以很高的速度撞击到靶上的时候，就可以产生 X 射线。

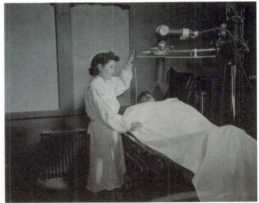

↑ 医护人员用 X 射线仪产生的 X 射线观测病人身体内部，看看是哪些地方出现了什么样的问题。

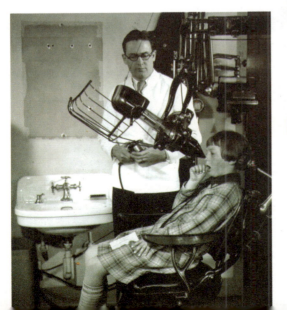

性质

科学家发现 X 射线是一种能量非常高的电磁波，它可以穿透人体，却无法穿透骨骼和其他硬的物质，因此可以用它来发现人体内部的病变。X 射线的发现也揭开了 20 世纪物理学革命的序幕。

光信息

随着科学日新月异的变化，光在人类科技方面的应用也越来越广泛，利用光承载和传递信息就是其中一例。和无线电相比，光具有自身的特点，比如可见光可以直接被我们看见，光承载的信息量大，适合传递大量信息。

什么是信息

当别人问你吃饭了吗，你点头；当你送别朋友时，你挥手，这些都是信息。当你看到别人闷闷不乐的样子时，你已经获得了一个信息。其实信息就是世界上一切事物的状态、特征和变化的反映。

➡ 自古以来，光就是人们互相联络的重要方式，灯塔就是这样的例子。

光和信息

信息传播的形式多种多样，通过光来传播的信息在日常生活中也很常见。最普遍的就是街道，特别是十字路口旁的红绿灯，江海航线上的灯塔，等等。

小 故 事

诸葛亮是我国古代杰出的军事家，有一次，诸葛亮被司马懿围困在阳平，无法派兵出城求救，就制作了可以飘到空中的纸灯笼，用灯光发出求救信息，终于得到了救援。后来，人们就把这种灯笼叫做孔明灯。

光信号

光是一种电磁波，它具有强度和频率，我们可以用不同频率的光来表示信息。这个时候，光就不仅仅是红色或绿色，而是一种携带有信息的信号，可以传输信号，这就是我们所说的光信号。

光通讯

现在，科学家可以利用光来传送图像和声音信息，图像和声音信息可以用特殊设备转化成光信号，然后传输到接收设备上，再转换为图像和声音信号，这就是光通讯的过程。

红绿灯

随着各种交通工具的发展和交通指挥的需要，红绿灯应运而生。它把最醒目、穿透力最强的红色设为禁止通行信号，黄色是警告和缓行，绿色则是可以通行，这是因为绿色最容易与红色区分开。

图书在版编目（CIP）数据

科学在你身边. 光/ 畲田主编. —长春：北方妇女儿童
出版社，2008.10
ISBN 978-7-5385-3531-0

Ⅰ. 科… Ⅱ. 畲… Ⅲ. ①科学知识-普及读物②光学-
普及读物 Ⅳ. Z228 043-49

中国版本图书馆 CIP 数据核字（2008）第 137226 号

出版人: 李文学
策　划: 李文学　刘　刚

科学在你身边

光

主　　编: 畲　田
图文编排: 药乃千　刘　彤
装帧设计: 付红涛
责任编辑: 王天明　熊晓君
出版发行: 北方妇女儿童出版社
　　　　　（长春市人民大街 4646 号　电话: 0431-85640624）
印　　刷: 三河宏凯彩印包装有限公司
开　　本: 787×1092　16 开
印　　张: 4
字　　数: 80 千
版　　次: 2011 年 7 月第 3 版
印　　次: 2017 年 1 月第 5 次印刷
书　　号: ISBN 978-7-5385-3531-0
定　　价: 12.00 元